不公平，怎么办？

学会处理嫉妒情绪

What to Do When It's Not Fair

A Kid's Guide to Handling Envy and Jealousy

[美] 杰奎琳 · B. 托纳（Jacqueline B. Toner）
[美] 克莱尔 · A. B. 弗里兰（Claire A. B. Freeland） 著
[美] 戴维 · 汤普森（David Tompson） 绘
程秀丽 译

化学工业出版社
·北京·

图书在版编目（CIP）数据

不公平，怎么办？——学会处理嫉妒情绪 / [美] 杰奎琳·B. 托纳（Jacqueline B. Toner），[美] 克莱尔·A. B. 弗里兰（Claire A. B. Freeland）著；[美] 戴维·汤普森（David Tompson）绘；程秀丽译. 北京：化学工业出版社，2017.7（2024.11重印）

（美国心理学会儿童情绪管理读物）

书名原文：What to Do When It's Not Fair: A Kid's Guide to Handling Envy and Jealousy

ISBN 978-7-122-29971-0

Ⅰ.①不… Ⅱ.①杰… ②克… ③戴… ④程… Ⅲ.①嫉妒－情绪－自我控制－儿童读物 Ⅳ.①B842.6-49

中国版本图书馆CIP数据核字（2017）第141340号

北京市版权局著作权合同登记号：01-2015-8052

责任编辑：战河红　肖志明　　　　装帧设计：邵海波
责任校对：宋　玮

出版发行：化学工业出版社（北京市东城区青年湖南街13号　邮政编码100011）
印　　装：北京新华印刷有限公司
787mm×1092mm　1/16　印张6　字数50千字　2024年11月北京第1版第19次印刷

购书咨询：010-64518888　售后服务：010-64518899
网　　址：http://www.cip.com.cn
凡购买本书，如有缺损质量问题，本社销售中心负责调换。

定　　价：20.00元　

写给父母的话

嫉妒是情绪家族的一员，当你想要别人拥有的东西时，经常会感觉到它的存在。比如，你想要别人拥有的豪宅、高级轿车以及悠闲的假期，等等。当别人受到关注时，你也容易产生嫉妒的感觉，比如老板对你的同事赞赏有加，你的朋友与其他人玩得很开心而忽略了你，等等。同样，孩子也会被嫉妒困扰，比如面对与兄弟姐妹相处以及其他各类情境时。成人能够明白欲望和嫉妒的感觉来了也会消失，但孩子显然没有掌握这种技能。

如果孩子被嫉妒的情绪困扰，他们会过度关注别人所拥有的东西，对别人的好运气也容易产生不恰当的反应，他们总是希望能够引起父母、老师和同龄人的注意，把**同一性**建立在其他人所有的，他们想要拥有的经验和认知之上。而且，孩子并不理解或者没有意识到嫉妒这种情绪，容易发生攻击、发怒或者其他不当的行为。另外，孩子可能会表现出退缩的倾向，放弃学习技能或者不再为实现目标付出努力。处理嫉妒这种情绪不容易，而且它会破坏家庭关系，影响友谊，与低自信紧密相关。如果遇到相关嫉妒的问题时，作为父母，应该采取什么样的行动来帮助孩子渡过难关呢？

《不公平，怎么办？》将教给孩子一些认知嫉妒相关的知识。通过本书，孩子可以学会如何分辨嫉妒的情绪，变换思维方式；虽然变换思维方式不能消除嫉妒，但至少能减少它所产生的负面影响，帮助孩子采用正确的观点看待事物。当思维方式发生转变时，情绪和行为也会相应地发生改变。通过不断练习，孩子能够学会比较现实地思考问题。这样，他们就不至于被嫉妒的情绪弄得不知所措了。

父母通常认为首先应该解决外显的行为。他们会要求正在发脾气的、不合作的孩子先休息五分钟，然后等孩子平静后，以一种合作的态度回来。这种做法暂时能够促进行为的改善，但相比之下，更重要的是需要帮助孩子做到自我察觉，当嫉妒情绪再次出现时孩子才能学会如何处理。成人要给这些被嫉妒困扰的孩子提供一些帮助，帮助他们有效应对这种情绪以及与之相关的行为。要直接指出他们害怕的原因，诸如被忽视（被父母的另一方或者其他人），想要拥有别人所有的东西，感觉到落单，或者感觉比不上别人——这样会相对更有效。

而且，父母应引导孩子感恩他们所拥有的一切，要学会原谅和忘却，对别人要慷慨大度。要注意提醒孩子，他们在某些时候、某些场合已然非常幸运。你也许告诉过他们有过别人没有的东西或者机会，也提醒过他们现在虽然被朋友忽略，但是他们也曾和朋友们开心和快乐过。一定要不厌其烦地向他们解释，公平并不一定意味着随心所欲，家里每个成员都有轮流做决定的机会。没人有权永远霸占着电视频道！当然，有些孩子可能不太容易接受这些建议。他们需要有人帮助他们识别嫉妒的情绪并且能变换思维方式。情绪并不只是被我们所经历的事件驱动，同时也被我们如何理解和解释事件左右。父母可以温柔地引导孩子换一种方式思考关于不舒服、不走运或者其他一些激发嫉妒的场景，引导他们学会修正自己初始的想法，最终克服嫉妒。

希望本书能帮你学会处理嫉妒的情绪。建议先通读一遍，书中技巧背后的心理学基础理念能够帮助你高效地指导孩子。接下来，可以与孩子共读，每次读一两章即可。在这样做的过程中，你可能会回想起孩子最近的一些经历，注意提醒孩子仔细回忆当时的情景。如果他感觉到沮丧、难过，可以引导他尝试用不同方式来思考，从本书所提供的案例中汲取一些经验。如果他能够很好地处理激发嫉妒的情况，可以以多种形式对他进行奖励。试着问问孩子，会采用哪些想法来控制嫉妒的情绪，通过强调这些成功的经验，鼓励孩子练习使用这些技巧。

学会对想法进行分析要经历一个渐进的过程。不同年龄阶段的孩子提出不同的可选择的想法的能力也不同。不管怎样，可以教会孩子对他们的想法进行反思，通过实践，换一种方式思考。至少，同时注意到想法、感觉和行为，会给你的家庭提供处理感情经验的一种模式。

当然，简单地与孩子共读本书并不能保证孩子马上就能具有处理嫉妒情绪的能力，还需要大量的实践和经验。本书中涉及的案例和讨论能够帮助你更有效地和孩子进行沟通，教给他们应对嫉妒的想法的办法，帮助孩子学习处理技巧。建议父母要有规律性地加强情感、思想与行为连接的学习。孩子不可能从所有的嫉妒情绪中摆脱出来，但是不至于总是听到他唠叨“这不公平”。

目录

唷吼吼

扮演成杰克船长真是太有趣了！

你和船员们一起登上船，在浩瀚的大海上开始航行，去寻找宝藏。

最信任的小伙伴——鹦鹉正站在你的肩膀上，太阳发出了耀眼的光芒，藏宝图指引着你去寻找装满金币的百宝箱。

“唷吼吼”，你大声地呐喊。

生活实在太美好了！

杰克船长经历的美妙一天可能包括：

- 一艘巨型轮船，船员们体格强壮，激情澎湃。

- 一个装满了金币的大箱子。

- 一只忠诚的宠物鹦鹉。

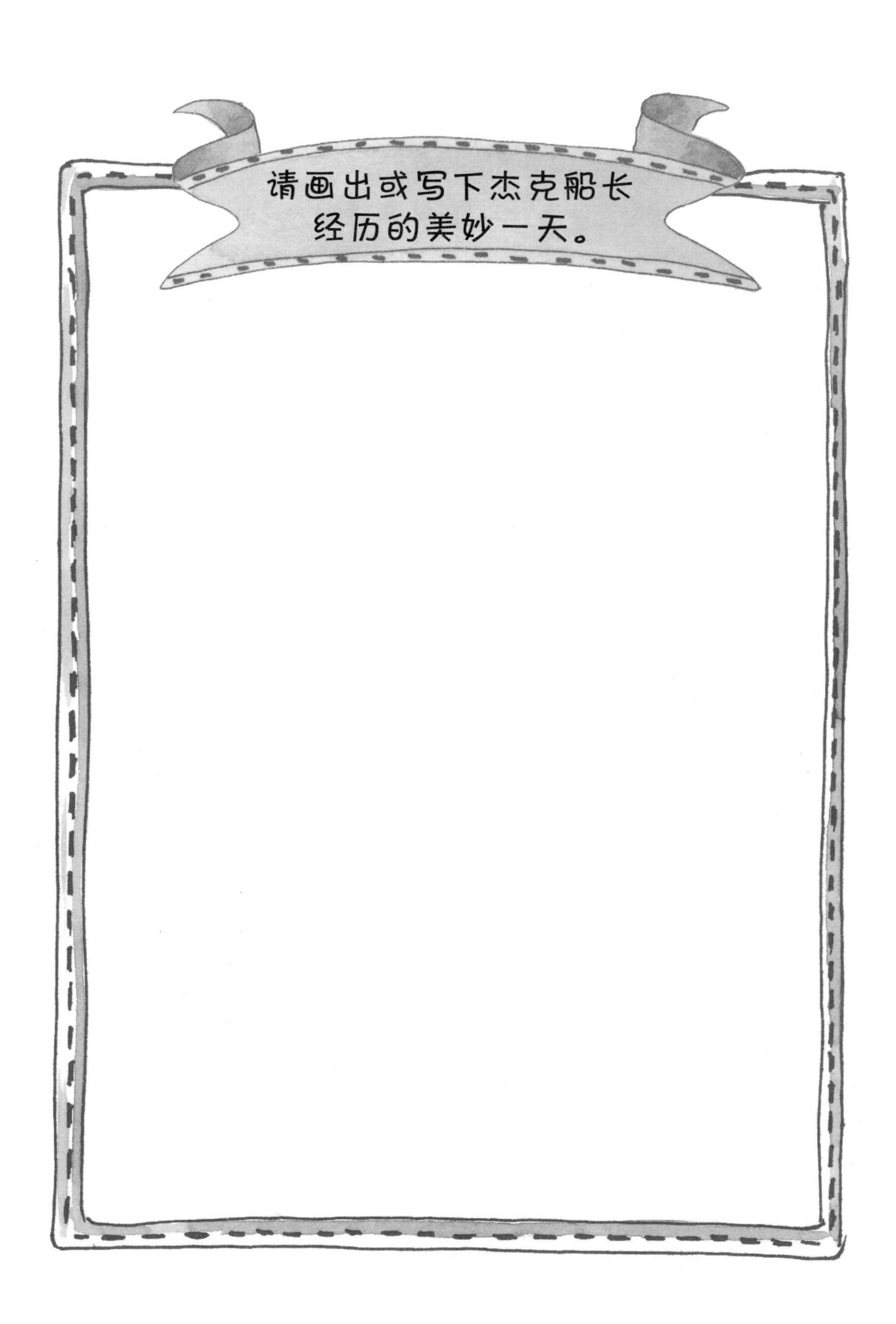
请画出或写下杰克船长
经历的美妙一天。

什么会让你开心？

大部分孩子会在特殊的一天里感到非常开心，这一天可能会：得到特别的关注，收到一件新礼物，赢得一场比赛，或者去了一个超级酷的地方。

赢得比赛，得到特殊对待，参加有趣的活动，这些感觉都很好。

现在你已经创造了杰克船长美妙的一天，快来想象一下自己的吧。

关于超级棒的一天，你的想法是什么呢？

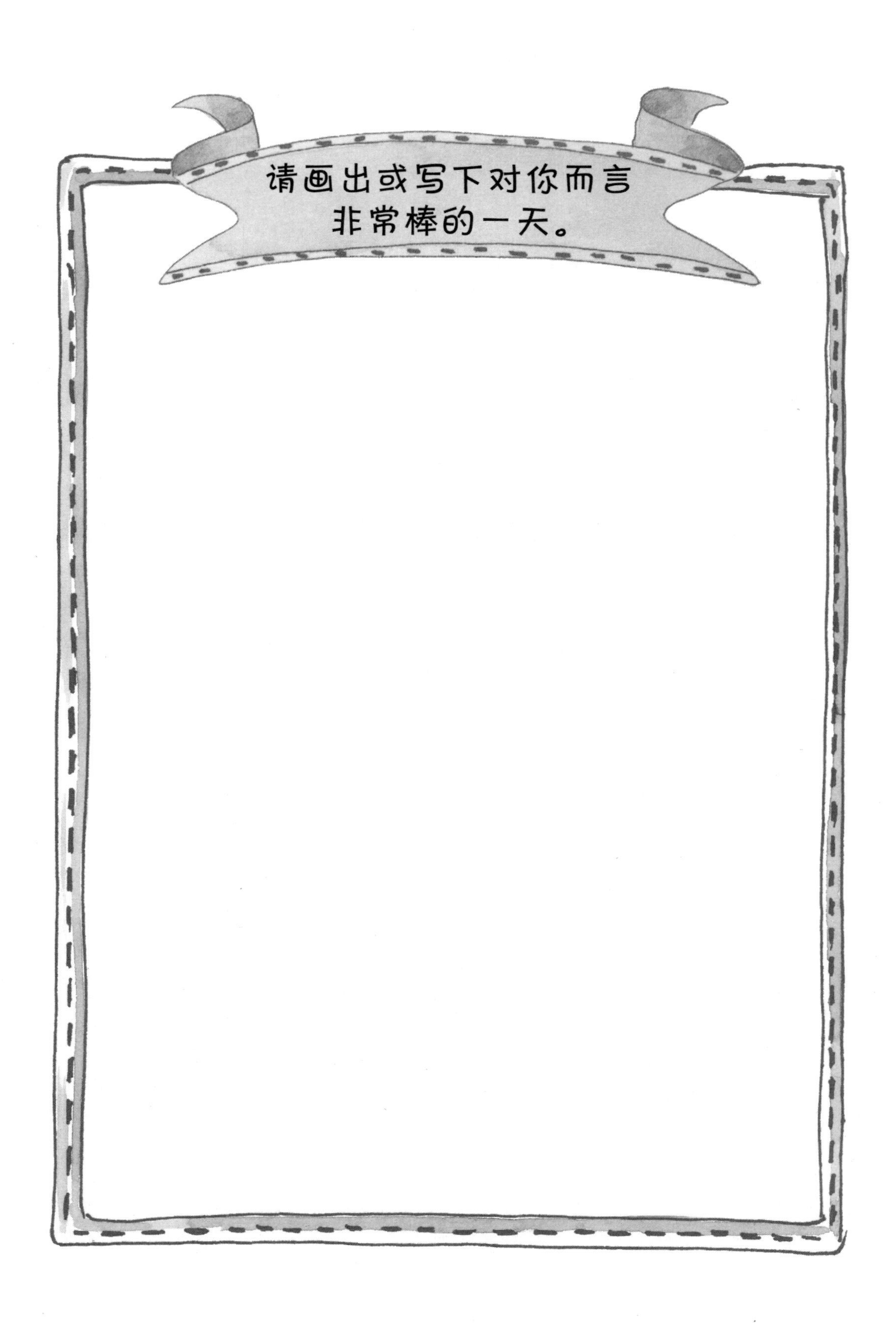
请画出或写下对你而言
非常棒的一天。

如果一直开心下去不好吗?

实际上，没有人能一直开心。有时在开心的日子里也会出现一些小麻烦，比如杰克船长在把金子搬到船上时，一不小心，金子掉到了海底。于是，美妙的一天就被搅乱了。

有时候，原本愉快的一天并不是被不好的事情或者坏运气弄糟，而是被一种感觉破坏了。嫉妒就是一种可能妨碍开心的感觉。嫉妒往往是在其他人的思想比你更优秀，做事比你更优秀，或者比你得到更多关注的时候发生。

我们来演示一下：

还记得那一大箱子金子吗？想象一下，开心的杰克船长发现了另外一艘轮船，在那艘船的甲板上有更大的一箱金子。在此之前，杰克船长这样想："我有这么多的财宝。"而现在他可能会想："我的财富原来一点儿也不多，我想得到更多。"于是他从原来开心的状态一下子变得难过起来，因为嫉妒的情绪出现了。

你曾经感觉非常难过，却不知道为什么，也不知道该怎么做，你遇到过这样的情形吗？

- 你为准备万圣节的装扮，花了一整天的时间，到处收集物品。而你的朋友的妈妈给他买了真正的服装。你嫉妒你的朋友有令人惊奇的服装。

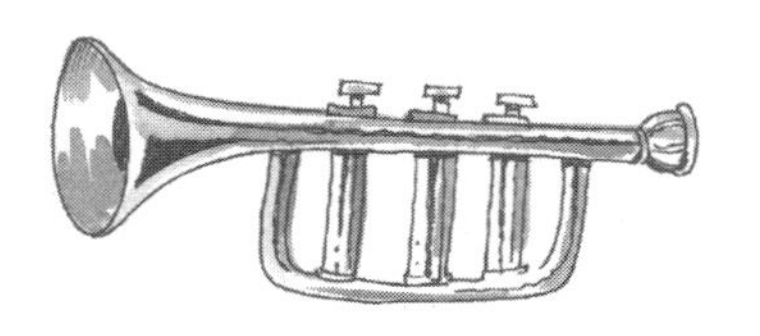

- 你参加了小号独奏的比赛，但没有被选上，你嫉妒被选上的孩子。

- 你错过了射入的决胜一球，你嫉妒获胜的队伍。

嫉妒是一种感觉，当一个人想要拥有别人所有的东西时就会出现嫉妒情绪。注意，嫉妒情绪是在别人有更好的东西，在某个比赛中获胜，或者得到更多的关注等情况下出现的，也就是说，这个时候其他人被牵涉了。除非你和自己比，或者你用自己所拥有的或处境与别人相比，否则不会出现嫉妒。记住，拥有金币的杰克船长对自己的财富原本心满意足，直到他见到了拥有更多财富的人时，他才开始嫉妒。

嫉妒也有它的好处：如果你嫉妒有人弹钢琴弹得好，你可能会下决心去用功练习；如果你嫉妒一个朋友有某个玩具，你也许会在家里帮忙做家务，赚些零花钱为自己买一个；如果你嫉妒同班同学的数学才能，你可能会在学校里加倍努力地学习。

但是，嫉妒能够产生一些问题，它会让你处于一种坏情绪之中。当你身处坏情绪时，你可能会做一些让你产生麻烦的事情。嫉妒会让你产生挫败感，让你放弃努力。

回想一下你感到嫉妒而难过的情景。也许是你的朋友带着你想要的玩具来到学校，也许是你的奶奶带着妹妹去了你一直想去的地方，也许是报纸上刊登了你的邻居赢得体操锦标赛的照片，也许是孩子们去看电影而没有邀请你。也许是其他一些**不公平**的事情。

在下页的方框中描述一下你的感觉。

本书将会告诉你关于嫉妒产生的原因，教会你如何去处理这种麻烦的情绪，这样你就可以在海上开心地航行了！

放下望远镜

从电影中或者书里，你会注意到船长经常使用望远镜。他们用它来侦察远方的船只或陆地。

当然，当他们只关注远处的东西时，却忽视了近在身边的东西。

有时候，他们错过更大、更重要的东西；有时候，他们错过原本可以开心的时光；有时候，他们错过了已经拥有的财富。

在真实世界的人们，有时候只关注眼前，也会错过很多。比如你是否曾经看电视太投入，结果没听到妈妈叫你去吃晚餐?

有时候，孩子们会专注于自己一直想拥有而别的孩子拥有的东西。可能只是一个小玩意儿，比如一个玩具或者一块很棒的活动区域；也可能是做某一件事情的机会，比如去旅游或者学划船。当孩子发现其他人拥有他想要的东西或是做了他想要做的事情，他可能就会嫉妒。

就像船长使用望远镜一样，孩子也可能会把注意力聚焦在他想要的东西上。当他过于专注时，他就忘记了他已经拥有的。

有时候孩子会嫉妒别的孩子，想象一下：

威尔刚刚得到一个新的电子游戏。恰好是孩子们一直在谈论的游戏，酷得很！以至于每个人——艾伦、伊莱和茵蒂放学后都想到威尔家去玩。莱拉感到特别嫉妒，她的注意力都集中在孩子们去玩原本她想拥有的这个游戏上了，她原本希望孩子们来她家玩。她难过地回到家，而没有和其他孩子一起去威尔家玩。她被嫉妒困扰，错过了和孩子们一起玩游戏的机会。

听起来很没趣，对吗？

看看另一个例子。

如果你最好的朋友得到了一个炫酷的篮球。

你通过望远镜看到了它，注意力只集中在它的存在，非常希望自己也有一个。你却忽略了自己所拥有的：

- 一件很好的篮球运动衣。

- 一个很好的旧篮球。

- 一个很酷的篮球篮板。

- **一个最好的朋友！**

通过望远镜看到了你满心期待的东西，却忽略了你已经拥有的东西，这是微妙的事情。当这种事情发生的时候，嫉妒困扰着你，你会不高兴。它让你忘记你拥有的美好，让你停止自己热衷的事情，甚至让你对其他人产生怨气。当人愤怒时，常常会说出或者做出伤害他人的事情。

如果你发现自己感到了嫉妒，可以问问自己：我是不是对一些我想要的关注太多？我是不是错过了其他重要的事情？

那么你（或者像你一样的孩子）应该做什么呢？

要控制望远镜！不要总是瞄准你想要的那个东西。看看身边，看看你是否已经忘记了你已经拥有的好东西。放下望远镜，你会看到你所拥有的，而不仅仅是你希望拥有的。归根结底，一个将望远镜聚焦在他想要的财宝上的船长，不会想到他已经拥有的金子、很好的轮船，还有他的船员们！

不公平，
我想要
一只小狗。

艾玛在“放下望远镜”这件事上做得不太好哦。

她太过关注她想要的——一只小狗——以至于她忽略了她已经拥有的酷酷的宠物。

你能指出她忽略了什么吗？

艾玛的酷酷的宠物：

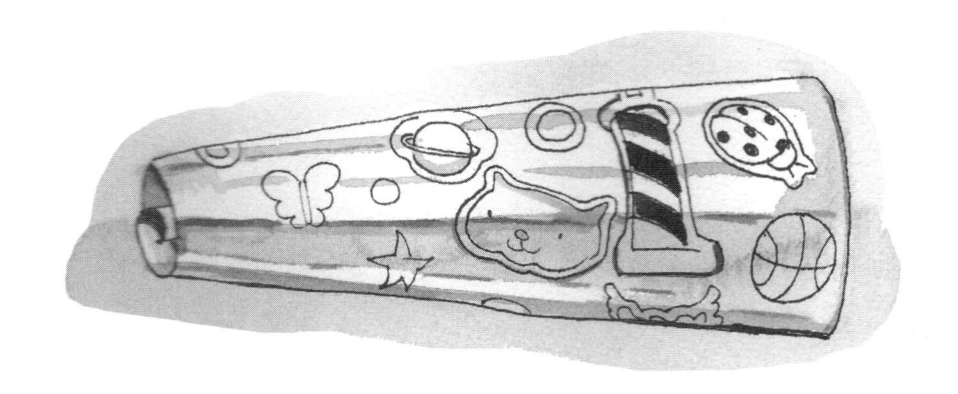

现在轮到你啦，试试看！亲自做一个你的专属望远镜吧，用它先聚焦于一件东西。然后，放下它！看看你错过了什么。

第一步：动手制作望远镜

1. 向父母要一个硬纸筒，类似卷纸里面的纸筒那样的材料。也可以把卡纸卷起来用胶带粘上，做成圆筒状。

2. 如果你喜欢，可以把望远镜装饰一下。在上面贴上贴画，或者用卡纸卷起来，或者在上面画上漂亮的图案。

第二步：当一个船长

1. 现在，请你站在你喜欢的玩具房子里。

2. 环视屋子里所有的东西，你看到了什么？

3. 闭上一只眼睛，用另外一只眼睛通过望远镜来观察。

4. 通过望远镜把目光聚焦到一个玩具上。

5. 想想屋子里的其他东西。你真正喜欢的玩具是什么？当你通过望远镜观察的时候，你是不是忽略了它？

第三步：放下望远镜

现在，不用望远镜，再看看四周有什么。你看到什么了？你能想起你喜欢的东西吗？你看到你所拥有的东西了吗？你能关注到所有的东西吗？

所以，当你用自制望远镜聚焦于某一物品时，在某一瞬间，你是否注意到因为特别关注你没有的东西而忽略了早已拥有的东西呢？如果你看到队友上场时穿了一双你想要的足球鞋，你会怎么想？这会让你忘记你最近刚刚得到的一套运动装备吗？如果你的朋友告诉你他去了游乐场并且玩了三次过山车，你会怎么想？这会让你忘记你刚刚度过的快乐的暑假吗？

画出或者写下当你因过度关注想要的东西而忘记自己已经拥有的东西的场景。

如果你暂时想不到例子，可以向爸爸或妈妈求助。下次如果你发现自己忽略了身边的美好事物，要提醒自己做一个聪明的船长哦。如果你能学会放下望远镜，嫉妒就不会再困扰你了。

控制好船

在大海航行中需要依靠风来为船提供动力，但是船长无法控制风向。事实上，有时风会把船吹到危险的地方，一个聪明的船长不会让风来控制自己的船。他会通过查找地图寻找正确的航线，运用海底地形图知道危险的岩石和浅滩在哪里。然后，掌好舵，让船沿着安全路线向目标航行。

有时候人们在进入错误的方向后会有很多想法。像聪明的船长那样，去寻找一条不同的航线，将思想调整到不会出现问题的方向。

设想一下，改变一个人的想法能够帮助到他们的场景。你有兄弟姐妹吗？他们是不是曾经做过你没有做的事情？他们做的事让你感到难过了吗？这件事确实令索菲亚烦恼！

有时候人们会犯这样的错，头脑中的第一个念头把他们弄得慌乱。索菲亚的脑海中浮现的第一个念头是“妈妈最喜欢卡洛斯，他可以有专门的时间和妈妈在一起看电视。”当然，这件事看起来很不公平，让索菲亚感到嫉妒。当索菲亚感到嫉妒时，她脾气很暴躁。

要是索菲亚能控制住她的“舵轮”，转换一下思维的方向呢？她也许应该尝试寻找卡洛斯可以比

她睡得更晚的原因。

以下索菲亚的想法中，哪一个对你最有意义？

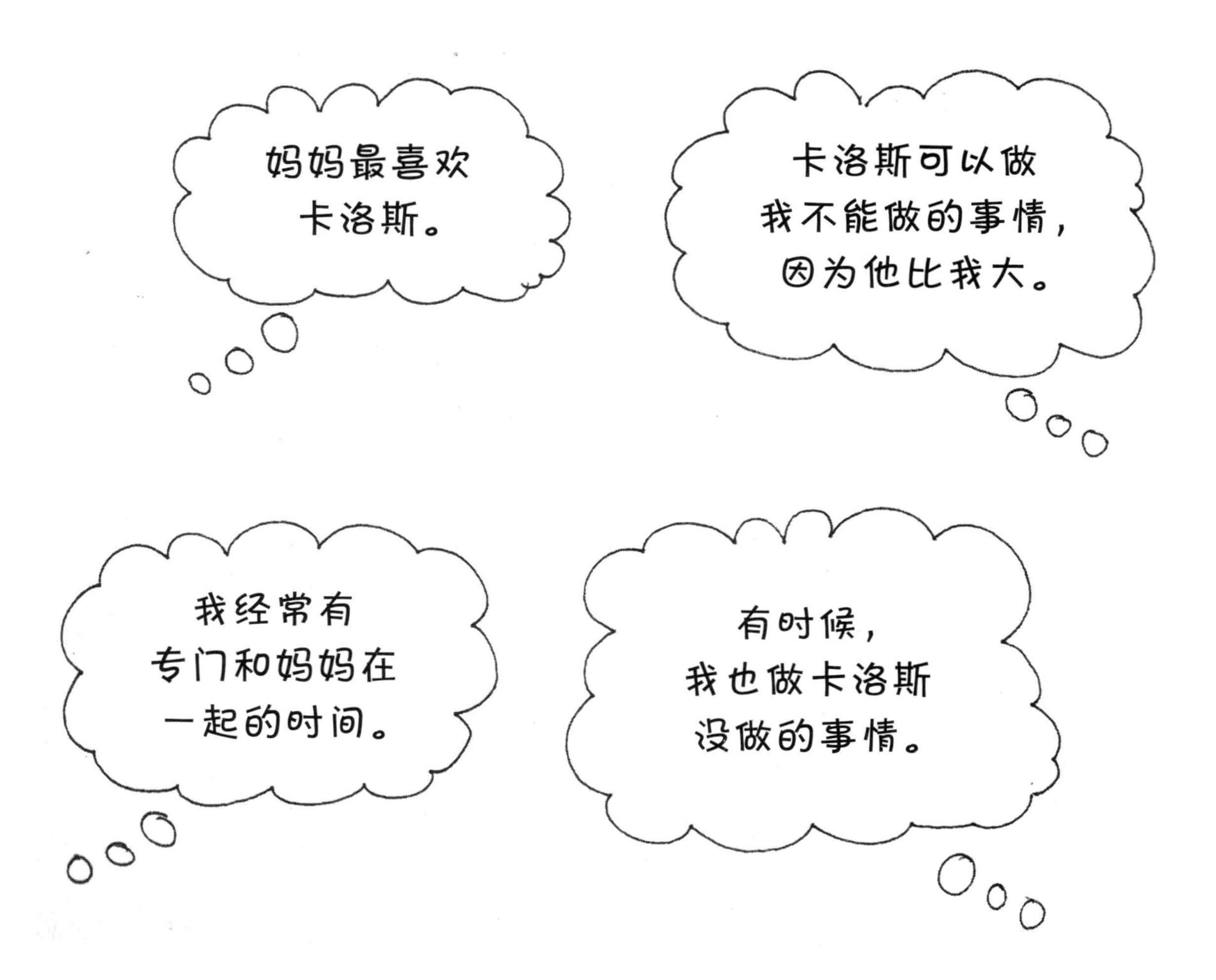

通过不同的思考方式，可以改变索菲亚对“卡洛斯可以比她睡得更晚”的感觉。

当她换个思维时，她就没有那么嫉妒了，上床睡觉也不会感到不开心了。

如果索菲亚相信以下“卡洛斯可以睡得更晚”的不同理由，画出她的表情。

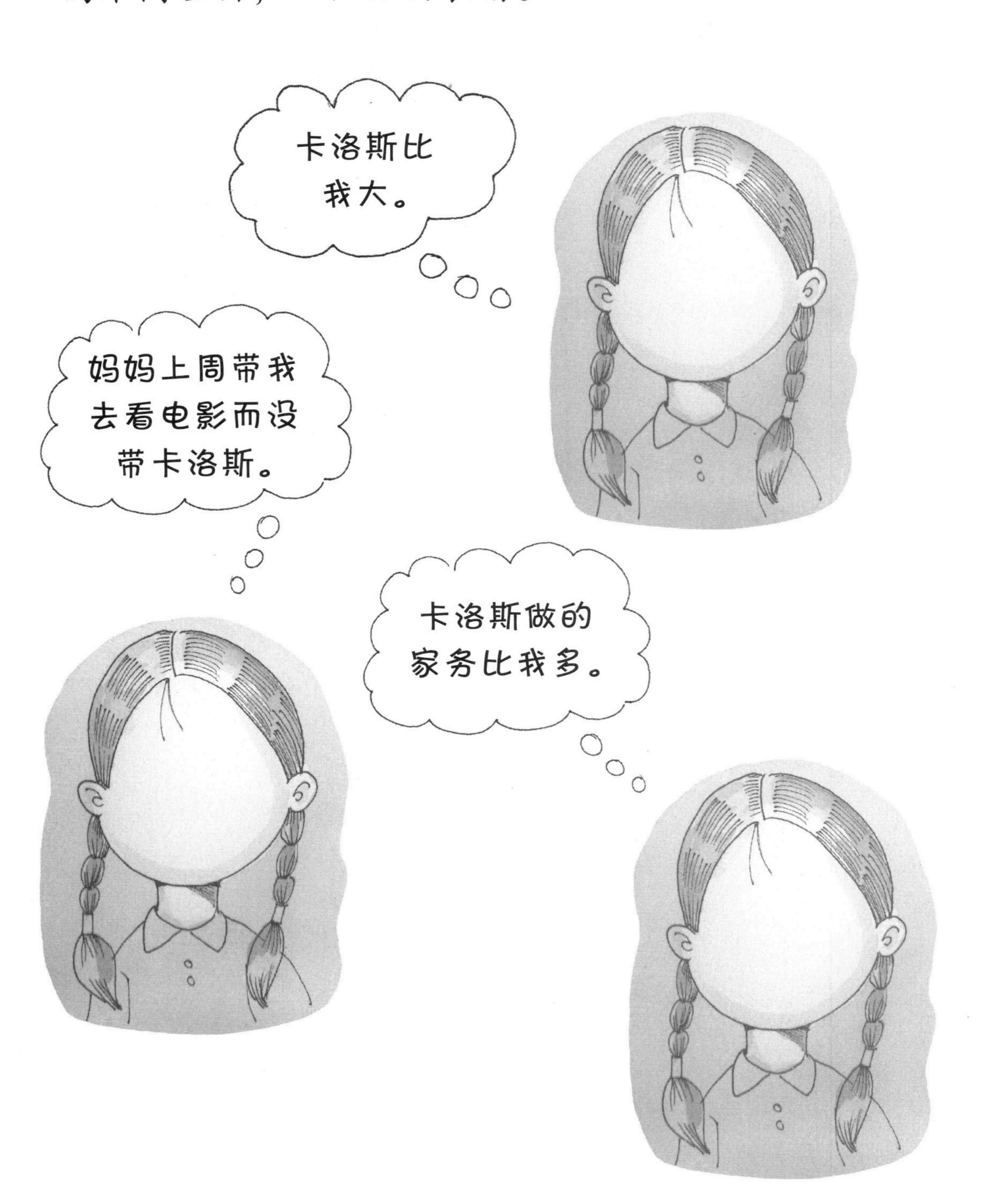

当索菲亚为那些让她难过的事情找出了更多实际理由时，这些不同的想法也改变了她的感觉，你认为想法是冷静的吗？

猜猜发生了什么？你已经学会一些新本领了。

人们的思考方式会影响他们的感觉。

当你用不同的方式来思考发生在你身上的事情时，新的看法会改变你的感觉。

看看另外一个例子。帮助迈克尔把船驶入正轨，并找出不

同的想法。

迈克尔的哥哥得了满分。迈克尔想，杰里米很聪明——他每个学期都在优等学生名单里，我不像他那么聪明。

在一个家庭里，每个人都有自己的天赋。迈克尔的哥哥学习努力并且在学业方面有天赋；但迈克尔在艺术方面很有天分，富有创造力，他能够画出细节丰富的梦幻跑车，他曾经在学校艺术节上获过奖。

当迈克尔想：“我哥哥很聪明，我不行！”他感到了对哥哥的嫉妒。

当迈克尔想：“______________________________。”他会感觉更舒服。

填上你认为迈克尔的另外一种想法。

转变思想也会让艾玛感到更舒服。

艾玛因为爸爸陪姐姐的时间更长而感到嫉妒。

让我们帮助艾玛转变一下思想吧，让她在正确的方向上继续航行。

在不同的时间，父母可能陪伴特定的一个子女的时间比其他子女会更长一些。艾玛的姐姐可能需要额外的帮助，比如辅导作业或者她需要更多的鼓励。

当艾玛想："我需要爸爸陪我的时间像姐姐一样多。"她感到了嫉妒。

当艾玛想："________________________。"她会感觉更舒服。

填上你认为艾玛的另外一种想法。

不是每个人都有兄弟姐妹。这并不重要，有时候即使只有一个孩子也会感到嫉妒。

特洛伊的爸爸妈妈告诉他，他的临时保姆格林小姐晚上来陪他。特洛伊非常希望能和爸爸妈妈一起出门。让我们帮助特洛伊搜寻一下他的思维地图，并且画出一条不同的路径。

成人有时候需要有自己的时间。当父母不带孩子出门的时候，他们通常是去孩子感觉无聊的地方。

当特洛伊想：“这不公平！我想和爸爸妈妈一起出门。”他感到了嫉妒。

当特洛伊想：“______________________________。”他会感觉更舒服。

填上你认为特洛伊的另外一种想法。

看见了吗？当迈克尔、艾玛、特洛伊转变了另一种想法，他们改变了自己的“航线”，感觉也更好了。

有时候在海上遭遇暴风，在巨浪中无法控制船时，地图和航海图无法发挥作用，因为没有可以避免遭遇风暴的方法。嫉妒有时也会产生。有时候，你必须去适应某些想法与感觉。你会发现很多情况下确实不公平。那么你能做什么呢？

你必须**放下**嫉妒。比如，伊莎贝尔的奶奶给伊莎贝尔和她的姐姐带来了礼物——衬衫。伊莎贝尔的衬衫是红色的，姐姐的衬衫是绿色的。伊莎贝尔很嫉妒，因为她更喜欢绿色的那件。但是伊莎贝尔知道，当收到礼物时，不管自己是否喜欢，都需要说“谢谢”。不抱怨自己拿到的衬衫的颜色是一种放下嫉妒的方法。

当你产生了像嫉妒这种强烈的感觉时，看上去好像再也不会好起来。

但是如果你学会等待，这种情绪并不会持久。它就像波浪一样——起起伏伏。

最终都会消失。**你放下了！**

现在来练习一下。

列出三个嫉妒的想法——可以是嫉妒其他兄弟姐妹，或是其他一些让你感到嫉妒的事情。

决定是否应该寻找一种不同的想法，或者放下嫉妒：

嫉妒的想法	圈出自己的选择
1. ______________________	寻找一种不同的想法
______________________	放下！
2. ______________________	寻找一种不同的想法
______________________	放下！
3. ______________________	寻找一种不同的想法
______________________	放下！

把嫉妒的想法转换成语言，然后决定如何规划最佳航线并且朝着对你有益的方向努力。

奥利维亚和
奥德丽一起玩，
但是没叫我。
雅各布和乔纳
一起去寻找化石，
我很想去。
莎拉没有邀请
我参加她的生
日通宵派对。

继续航行

如果在海上遇到突如其来的强风，偏离了航线，怎么办呢？船被吹进一个狭窄的海湾里，那里四处是沙洲和卵石。如果无法找到出口，另辟蹊径，很可能就会搁浅在沙滩上，更糟的是，撞到礁石上，船被撞了一个大洞！幸运的是，我们的船长做了充足的准备：收集周围每个峡谷的地图；利用航行工具精确地计算出船漂流到的具体位置；最重要的是，他曾经演习过如何让船在狭小的地方顺利出入。

当嫉妒把你吹进了狭窄的充满岩石的水域，你一样可以做足准备。

嫉妒的想法可能悄悄来临，但是你可以像船长一样，在航行的过程中练习处理障碍，在嫉妒产生之前，为度过这种时刻做好准备。

事实上有很多普通的经历会让人感到嫉妒，这些情形被称为**嫉妒触发器**。

有许多事件几乎能够触发所有人的嫉妒情绪。被朋友孤立或忽视的感觉就是一种触发器。那些你认为的事并不是真的。

这里有一个好消息。当你没有嫉妒情绪时，可以花些时间弄明白，你经常因为什么而难过呢？这样会让你的想法更深刻。

更好的是，你可以在这些问题发生时做好如何处理的准备。当船四处乱窜就不可能再航行了。

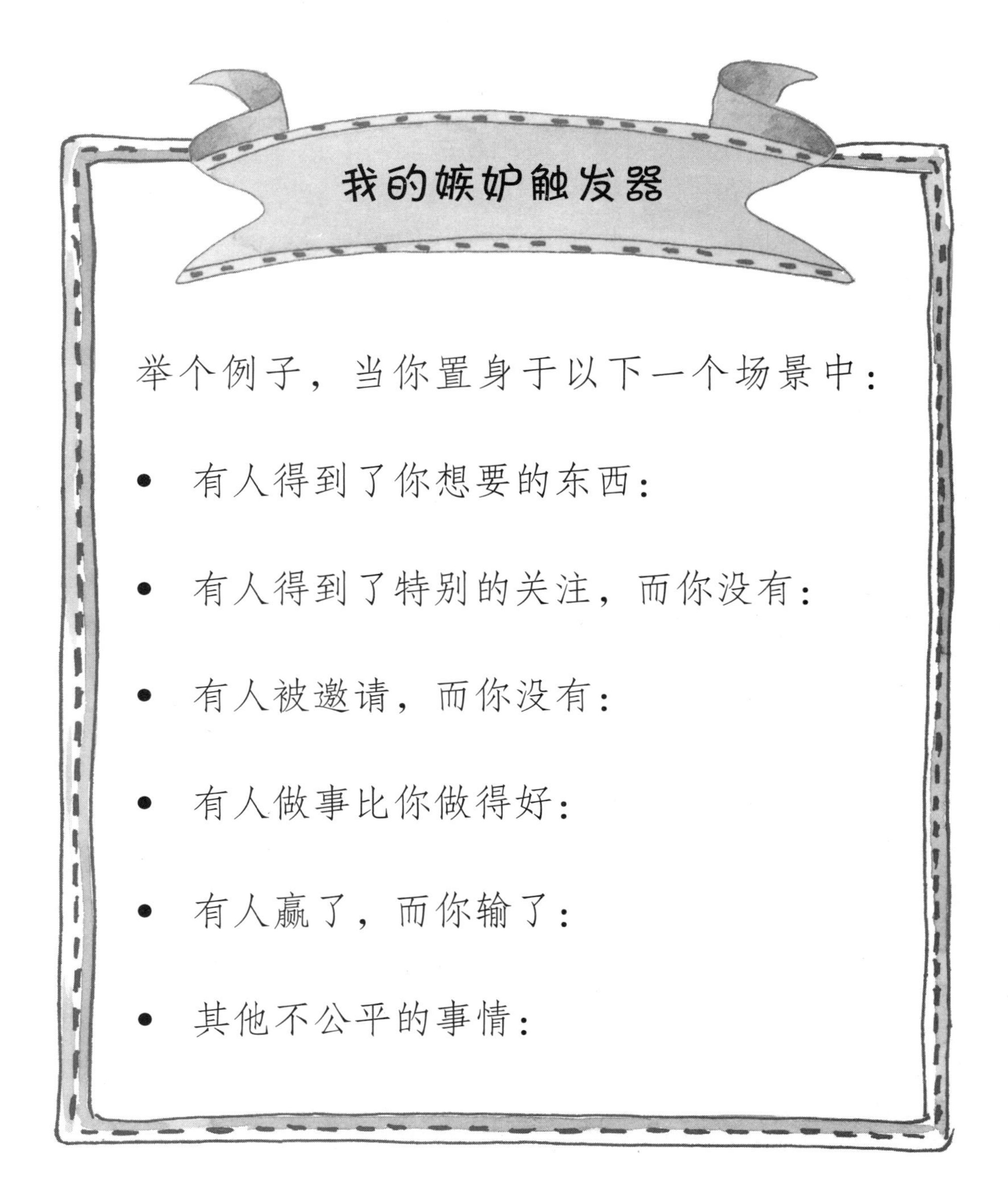

让你感到最难过或者经常发生的事情画★★★，让你感到有点儿难过或者有时发生的事情画★★，如果不是什么大问题画★。

想象一下“浅水湾中的岩石”这个触发器。你需要小心地绕过它，把船重新驶回到大海上。第一步，识别由触发器导致的嫉妒的想法。

想象一下当你开车经过朋友阿里森的家时，看到她在和其他小伙伴一起玩而没有叫你。他们用水枪、喷雾器互相喷水，玩得非常开心。有的小孩还有水气球！

如果这件事情发生了，想一下你会有哪些想法呢？你能列出首先出现在你脑海中的三个嫉妒的想法吗？

1.

2.

3.

下一步，质疑这些想法并控制，回复到“平静的水面”。

质疑想法，可以用另外一种方式看待事情，这些告诉我们嫉妒的想法没有任何意义。如果有人因为被冷落而感到嫉妒，他们可以质疑以下这些想法：

- 我已经被邀请过很多次了。
- 我妈妈不喜欢我多次和很多小朋友玩。我敢保证我朋友的妈妈也是这么想的。
- 如果我骑自行车出去，也能找到朋友一起玩。

这些想法看起来是不是比刚开始出现的那些嫉妒的想法更现实呢？通常情况下，当你看待事情更理性时，嫉妒的感觉就会消减。现在轮到你了。列出三种想法，证明你感到被冷落时所产生的嫉妒想法没有任何意义。

1.

2.

3.

怎么样？这些想法是不是更有意义呢？它们是不是让你不那么难过？

现在，拿出两支蜡笔或者彩色铅笔：一支红色和一支蓝色。红色代表烦躁、沮丧，用红色笔把**嫉妒的想法**圈出来；蓝色代表冷静、平静，用蓝色笔把**质疑的想法**圈出来。

下次我会
得到机会。

这不公平。

他想要的全都得到了。

妈妈带我去
很多有趣的
地方。

每个队都会第一个
挑选她。

爸爸妈妈虽然没有
给我买很多玩具，
但是他们经常和我
一起做游戏。

布朗先生看到
孩子们取得进步时
非常高兴。

有些孩子不喜欢玩我喜欢的游戏。

他做那件事的时候一定很努力。

也许下个生日我就能得到它。

班上的女孩子们经常忽略我。

为什么我从来得不到机会？

上周在杰达的家过得很开心。

远离嫉妒，你将更擅长“掌舵”！你学会放下望远镜，就不会错过重要的事情，你已经看到，改变想法会帮助你感觉不同。你已经学会练习通过“乘风破浪”放下嫉妒。通过学习，你将成为一个真正聪明的船长，继续驾船航行。

拉起船锚

你是否有一个在游戏中总将你打败的朋友？你是否感觉很糟糕或很生气？如果这样的话，也许你会产生以下这些嫉妒的想法（尽管当时你没有意识到）：

- 我们总是玩他擅长的游戏。
- 他总是那么走运。
- 我从来没赢过。

从另一个角度来看这些嫉妒的想法。你注意到这些想法都充满了失望并且是会一直持续下去吗？这些都是让孩子停止玩游戏的想法。

当你这样想时，你的船就可能会抛锚，再也无法航行了。

所以，你必须得把船锚拉起来。有一个方法可以帮助你改变，问问自己：

现在发生的事情会永远发生还是暂时的？

首先，看起来你好像一直处在失败的境地，如果这样，你的嫉妒情绪会让你感觉很糟糕。

你感觉糟糕了，就不再想和朋友一起玩，甚至不愿意和他待在一起了。

哇！真是不知所措了！

通过**当下的想法**，把嫉妒的船锚拉起来吧。

让我们试一试。你的朋友赢了比赛，你认为他永远会赢还是曾经赢过？或者你认为他下次或下下次不会赢吗？如果你多加练习做得更好，下次会赢吗？或者你会赢其他游戏吗？

当你的朋友每次都赢，看起来好像这种情况会一直持续，但实际上，如果你开始思考这件事，就会发生变化。更重要的是，你不会永远和他玩这个游戏。

所以用当下的想法来思考：

- 我觉得他今天玩游戏确实很在状态，但是昨天他跟我玩的是我想玩的游戏。
- 他因为玩游戏玩得好而感到开心。
- 如果我们一直玩，练习会帮助我提高技能。

当下的想法可能不会让你感到真正的开心。也许你还会感到烦躁或没有耐性，但是比起你认为和朋友玩得没意思要好多了。

当父母决定全家一起去他们喜欢而你不喜欢的餐厅吃饭的时候，你感到嫉妒吗？不公平！你想挑选餐厅！或者你的朋友选择玩另外一个孩子提议玩的游戏，而不是你提议的有意思的游戏。

哪一类**永远的想法**会经常出现在你的脑海中呢？

- “我的父母从来不让我挑选我喜欢的餐厅。”
- “我的朋友从来不选我想做的事情。”

如何使用**当下**的想法去打败**永远**的想法？

- “也许下次我可以选择餐厅。”
- “那些朋友真的不喜欢玩捉迷藏，我找其他小朋友玩好了。”

是不是当下的想法看起来更现实一些呢？

记住，问问自己：现在发生的事情会永远发生还是暂时的？

想一想，从一个岛屿到另一个岛屿不断寻找财宝的杰克船长，他需要拉起锚才能继续航行。如果他不能拉起船锚，将不会找到财宝。永远的想法让他不知所措。使用当下的想法拉起船锚，到你想去的地方。

当下的想法

我在努力学习我的乘法表。

有时候琐事会干扰有趣的事情。

我认为我的新鞋子非常酷。

下个赛季在我们年龄组我一定会赢。

多多练习就可能赢。

练习越多，当嫉妒触发器发生时就越会运用。这里有一些例子：

永远的想法

在数学方面我永远比不过其他小朋友。

我从来没有得到过很酷的衣服。

任何比赛我都不会赢。

我经常被安排在失败的那个队。

当其他孩子在外面玩的时候，我总得做家务。

当下的想法并不等同于所有的事情都如你所愿。你仍然需要等着轮到你，接受你不能随意任性的现实，意识到你不可能总在某些事情上做得最好。这些想法会让你感觉好一些。**永远**的想法通常会让你感觉到难过、无望和陷入困境。所以试一试！在这些小朋友的脸上画出表情，以表达他们的想法带来的感觉。当他们改变自己的想法时，你认为他们的表情会改变吗？

我经常
要做家务。
有些时候
家务确实会干扰
有趣的事情。
我不擅长
数学。
我需要背熟
乘法表。

在下一周，当你的嫉妒情绪引发了**永远**的想法时，请父母帮忙，并记下来。当你能够静心思考时，尽量为每个触发器想出一个**当下**的想法。如果当下的想法让你感觉好些，请在“起锚了吗?”一栏画上“√”。

嫉妒触发器	永远的想法
1. ____________	______________________
____________	______________________
____________	______________________
2. ____________	______________________
____________	______________________
____________	______________________
3. ____________	______________________
____________	______________________
____________	______________________

当下的想法　　　　**起锚了吗？**

做得好！当你拉起船锚，就会找到财宝！

轻装上阵

在船上，船长就是老板。他决定船的航向以及船上的工作如何分配。如果船长要求大副去标绘迪德曼斯礁的航线，二副可能会感到嫉妒。他首先想的可能是："为什么每次都是大副研究地图？"

孩子们在学校里常会产生嫉妒的情绪。有时候当一个孩子得到了老师特别的关注，其他孩子的头脑中就会产生嫉妒的想法。

看一下这张图。这个孩子头脑中有一个"每次"的想法。他的想法使他特别嫉妒乔伊。如果他认为这种情况只是"这次"发生，也许就不会有这么强烈的嫉妒感觉了。

每次的想法像重载，使你的船慢下来。你可以通过把**每次**的想法变为**这次**的想法来减轻负担。

看另外一个例子：贾斯敏的班上将要来一位特殊的客人，她是居住在附近的一位非常有名的作家，每个人都非常期待见到她。琼斯女士告诉全班

同学，需要一位同学带客人参观学校并且陪她一起吃午饭。琼斯女士说：“贾斯敏，我希望你代表我们作为主人来接待我们的客人。”现在，你知道接下来会发生什么吗？

每次的想法开始在其他孩子的脑海中产生！

你注意到使用像“总是”或者“每次”这些词

语的孩子了吗？这些词语提示的是，他们认为事情不是刚刚发生的，而是一直在发生的。

让我们帮助这些孩子改变他们头脑中出现的**每次的想法**，让他们用**这次的想法**来试试。这张图中有两个例子，你还能想到其他的想法吗？

再来看看另一个例子。玛利亚很生气，因为教练今天没有让她上场。

帮助玛利亚把**每次的想法**改为**这次的想法**。在这种情况下她应该对自己说什么呢？

所以，当下次嫉妒的想法让你难过，问问自己是否因为**每次的想法**让船正在负重下沉，其实这件事只是这次发生而已。

当你卸下重担，将会行驶更快！

第七章

当其他人嫉妒你时

独眼皮特是一个超级棒的船长！他拥有一艘巨大的船以及大量的财宝。独眼皮特知道，如果独腿马克斯感到嫉妒，肯定不想和他交朋友，所以皮特想让马克斯感觉好一些。他知道不能跟马克斯吹嘘他的船有多大多快，或者他的百宝箱有多满。当马克斯在旁边的时候他从来不炫耀。

现在你已经掌握了很多处理嫉妒的技巧，重要的是当别人嫉妒你的时候，你有了这些技巧应对。

如果你有个新鲜小玩意儿让你的朋友嫉妒呢？

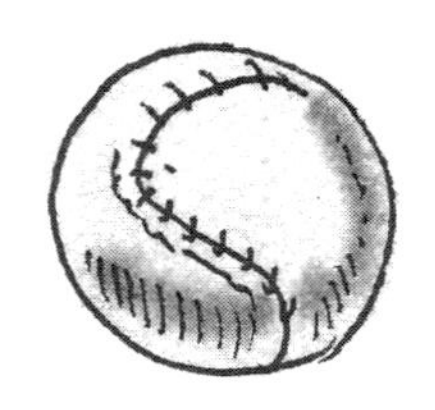

如果你赢了比赛呢？

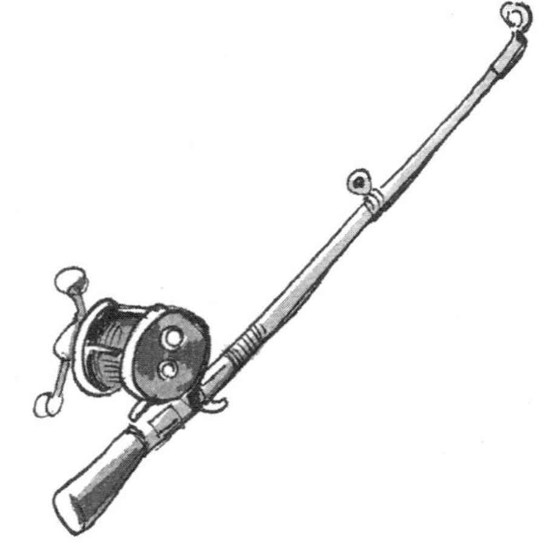

如果你的爸爸带你去钓鱼，而没带你的兄弟姐妹呢？

你不能控制其他人的感受，但是你可以很友善并且考虑别人的感受。你可以具有**同理心**。

同理心意味着理解别人在这种情境下的感受，这里有一些例子：

情境	感受
你的隔壁邻居是个老奶奶，她的孙子住得很远。	她可能很孤独。
你的堂兄要去他最喜欢的游乐园。	他可能非常激动。
当一个小孩离开万圣节鬼屋时，他哭了。	他可能很害怕。
你的姐姐不小心松开了气球，气球飞走了。	她可能感到伤心。

当你对他人表现出你理解他们不好的心情时，可以帮助他们感到更舒服。当你理解他们的感受后，你就不会做出可能触发他们嫉妒想法的事情。

在横线上填写下列词语中缺少的一个字，弄清楚这些孩子的感觉。

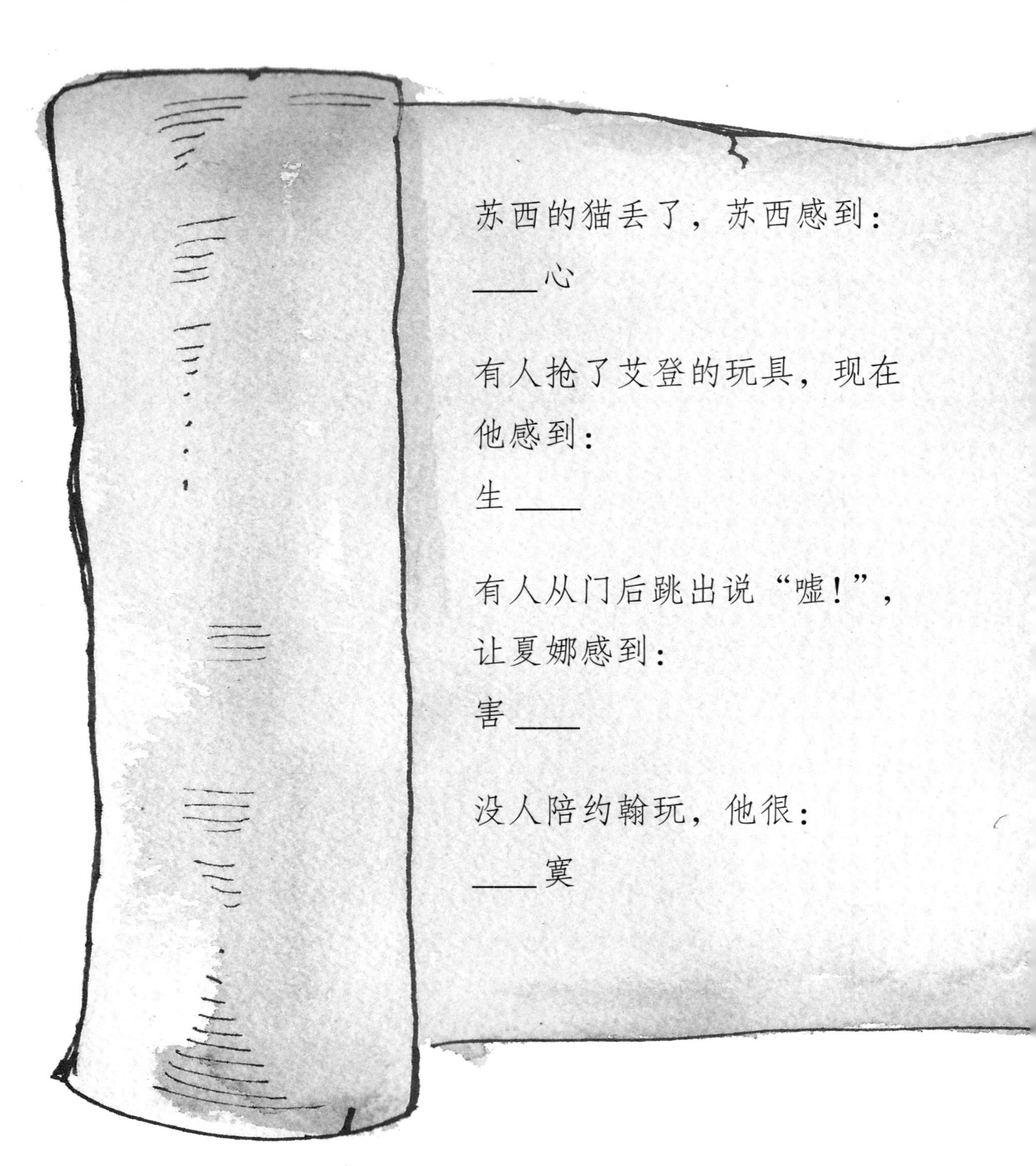

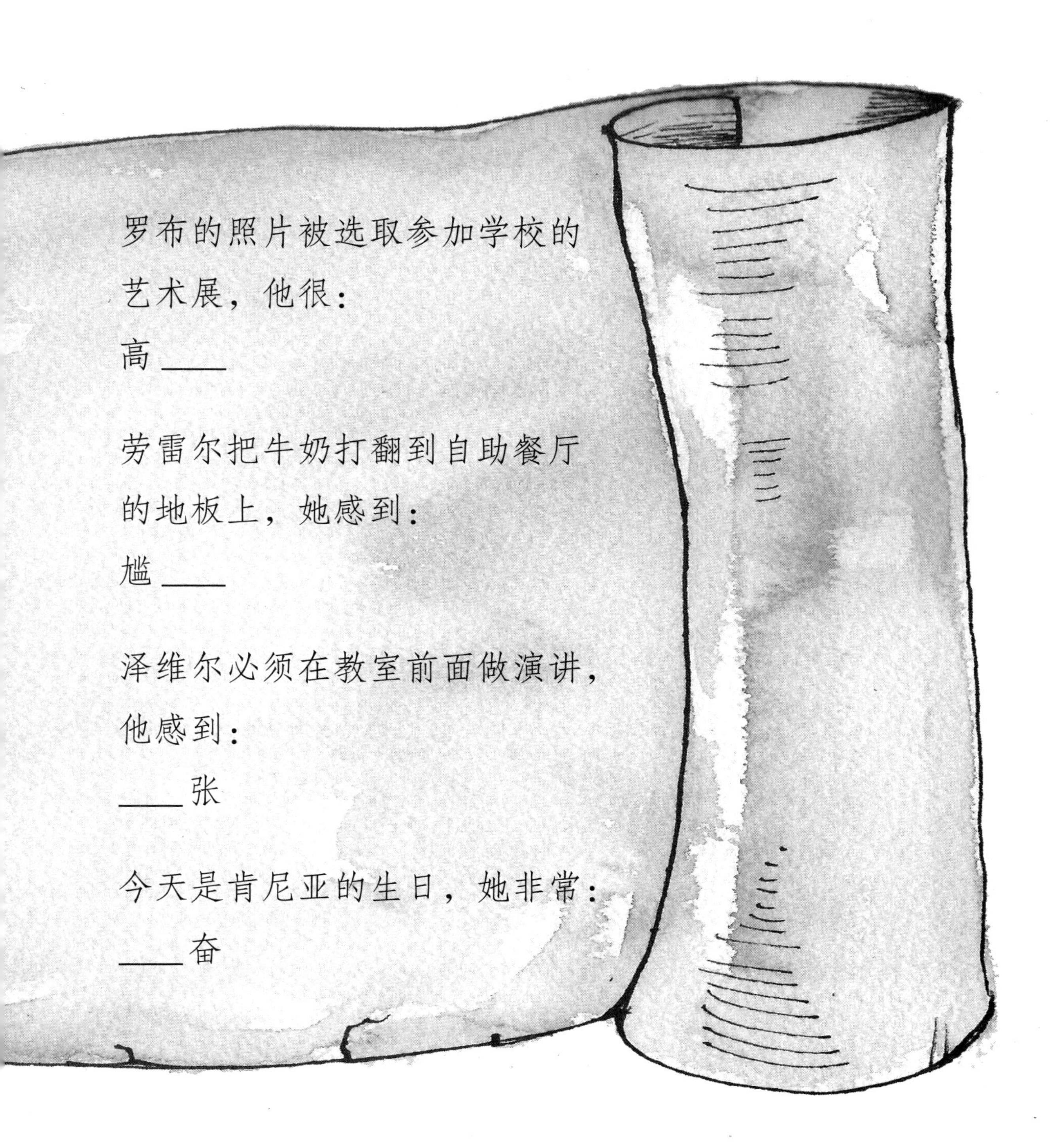

罗布的照片被选取参加学校的艺术展，他很：

高____

劳雷尔把牛奶打翻到自助餐厅的地板上，她感到：

尴____

泽维尔必须在教室前面做演讲，他感到：

____张

今天是肯尼亚的生日，她非常：

____奋

通常，可以通过人们的表情、所说的话以及对周围情况的了解来判断他们的感受。这样，你就能够以帮助的方式进行说话办事。

让我们看看其他人可能会嫉妒你的一些例子。你应该说什么呢？圈出可以表达你具有**同理心**的回答。

1. 老师挑选你在学校的戏剧中担当主角。你的同学莎拉也要参加。

“我得到这个角色是因为你记不住台词。”

“我想你是很棒的演员，你能帮我对台词吗？”

2. 在一场网球比赛中，你赢了你的朋友。

“真棒的比赛，你打得非常好。我们以后找个时间再比一次。”

“太棒了，我是冠军。”

3. 你的姐姐错过了她最喜欢的电视节目，但是你要去看。

“哈哈，你要错过节目了！”

“我很遗憾你错过这个节目。”

在别人嫉妒你的情况下你能说什么呢？在下面的横线上填写。提示：记住那些能帮你应对嫉妒情绪的想法。想象一下其他人可能有的嫉妒想法，然后想出可以帮助他们感到更好的**质疑想法**。

你在考试中得了一个B，你的朋友也是一个好学生，得了一个C。 ________________

你有一台新的平板电脑，你的朋友在家里共享一台电脑。 ________________

你被邀请参加一个晚会，而你的朋友没被邀请。 ________________

你的球队在足球比赛的加时赛中赢了一分，你的朋友是另外一个球队的守门员。 ________________

当你得到某个特权、赢了比赛或者得到新东西时，你感到很好。但是当你表达激动心情的时候，不要伤害他人的感受。大声欢呼“好哇”要注意场合。

保持平衡

当你踩在摇摇晃晃的木板上，感觉如何——大部分时候可以站着，但会时不时地失去平衡，不得不再次踩上去才能继续向前走。

对自己感觉良好的人在生活中能保持平衡。

当你自我感觉良好时，嫉妒不会产生多大的影响。自我感觉良好比想象中复杂一些。这不意味着你很完美，对所尝试的事情很擅长，或者自命不凡。这意味着要尊重自己，处理好自己的情绪，感到自己非常棒。

那些对自己感觉不太好的人想要站稳确实存在困难。像嫉妒这样强烈的情感，一般会让他们过度生气或伤心。然后，他们会因此而陷入麻烦当中。

请回答以下问题。

1. 你最喜欢的游戏是什么？ ____________________

2. 你所做的最好的决定是什么？

____

3. 上次你自嘲是什么时候？ ____________________

4. 关于学校，你最喜欢什么？ __________________

5. 上次有人称赞你，是因为什么？

____

6. 你上次什么时候称赞过别人？ ________________

7. 你最喜欢的颜色是什么？ ____________________

8. 提起一个朋友，你最喜欢关于他或者她的是什么？________________

9. 你的朋友如何评论你？________________

10. 最近你尝试过并且没有放弃的最困难的事情是什么？________________

11. 你最喜欢的食物是什么？________________

12. 当你长大后你可能想做什么？

____

13. 你曾经捍卫过你自己吗？________________

14. 你曾经帮助过其他人吗？________________

读一下你的答案。听上去是不是很伟大？如果需要，也可以问你的父母同样的问题。很可能会听到关于你更多有趣的事情。

记住，自我感觉很好并不是最好，并不是你拥有或者赢了什么；这是关于你是一个怎样的人，是关于你所做的使自己自豪的事情。

试试另外一个游戏。

你的全家都喜欢“我为______感到骄傲”的游戏。这很适合在吃饭的时候玩。第一次玩的时

候，让爸爸或者妈妈开始，然后转向他（或她）右边的人，用积极的方式，告诉他们注意到的让他们高兴的事情，使他们印象深刻、很惊喜的事情，或者展示他们学到的新本领。

重复这个过程。可以换另一个方向。

当你自我感觉良好时，摇晃的木板不会使你跌倒，抬起头来**做自己**！

照顾好自己

船长会遇到各种让人沮丧和难过的困难。有时候他们很容易操控，但是有时候强风或者大浪会干扰他们的寻宝之路。

即使自我感觉很好的孩子也会因偶尔的嫉妒偏离航线。

当人们有强烈的情绪时，会感到身体内充满了压力。

人们体验到压力时的一些表现：

- 感到紧张
- 喘不过气
- 胃疼
- 感觉发抖或者头晕
- 入睡困难
- 脸红或者满头大汗

当你有压力时，无法清晰地思考。如果要应对嫉妒的想法，必须清晰地思考。

通过学习放松，可以清晰地思考并处理复杂的情况。通过练习，可以减少一些烦扰你的事情。

有很多方式可以放松，而且对我们非常有益。列出你喜欢的放松方式的清单。

1.
2.
3.
4.

这些放进你的清单里了吗?

- 听音乐
- 做游戏
- 和朋友聊天
- 读书
- 画画

有很多可以关爱自己的方式来应对嫉妒。做一些让自己放松的事情，保证充足的睡眠，健康饮食，坚持锻炼，这些都很重要，能让你的身体和精神保持好的状态。

除此之外，还可以学习瑜伽来缓解压力。

瑜伽是一种将身体伸展中均匀的呼吸和平静的意识相结合的一种锻炼方式。如果你每周练习几次瑜伽，能够学会用一种更加平和的方式应对生活中的种种不如意。当你感到嫉妒时，就不会过度紧张。可以用一些质疑性的想法和其他策略来应对。

以下将展示一些你可以尝试练习的瑜伽动作——平静的呼吸，拉伸，意识的平和与清醒。每周可以练习几次。

学会练习放松之后，你会发现处理强烈的情绪更加容易了。当你感到嫉妒时，将不会被困扰，将更加强大，更加能控制自己，更好地应对嫉妒的想法。

尝试做一些瑜伽练习，看能否帮助你保持平静。

平静的呼吸

首先，平躺，双膝弯曲。

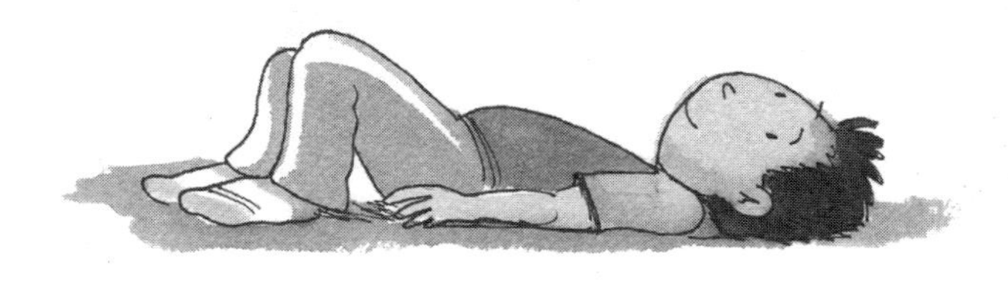

把手放在腹部，注意你的呼吸。你感觉到腹部的起伏了吗？现在请你尝试舒缓的呼吸，吸2，3，4，呼2，3，4。

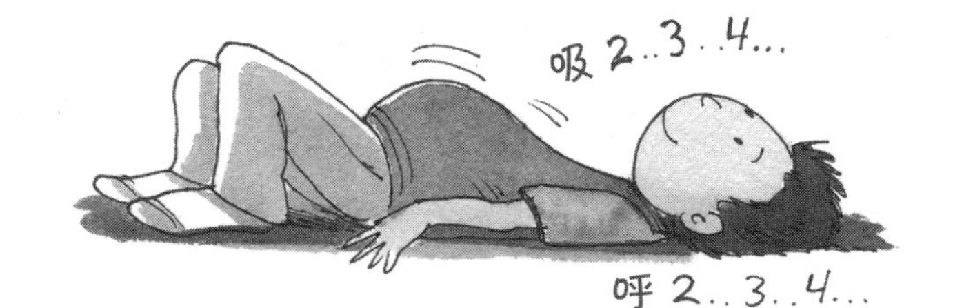

如果你开始走神，把意识收回到你的呼吸上。

当吸气时，感到腹部逐渐变大变圆，而当呼气时，腹部变得平坦。

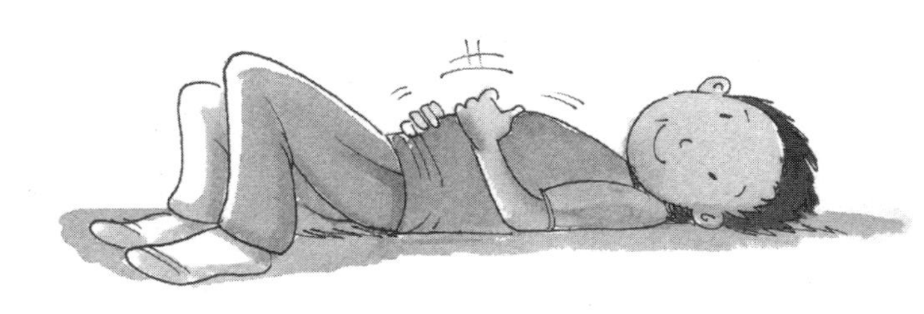

吸气呼气持续5～10次。现在感觉是不是很好呢？

可以尝试以下瑜伽姿势。专心于拉伸动作，做一些感觉舒服的姿势。

猫牛式

双手和双膝支撑在地面上。

把自己变成一只伸展的猫，背部尽可能地拱到最高。

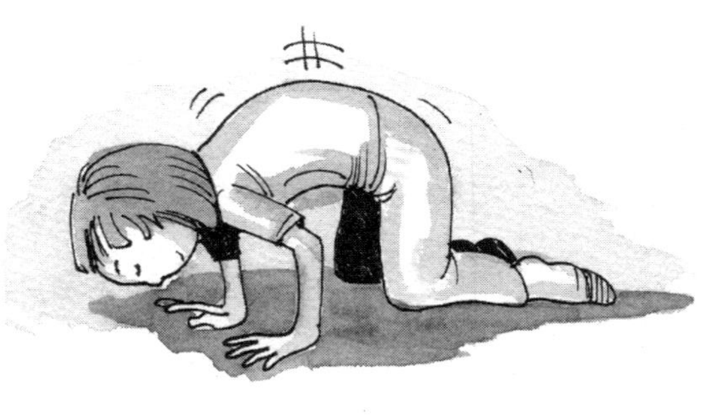

然后把后背弯下来好像自己是一头牛。

交替做猫牛式动作5次。

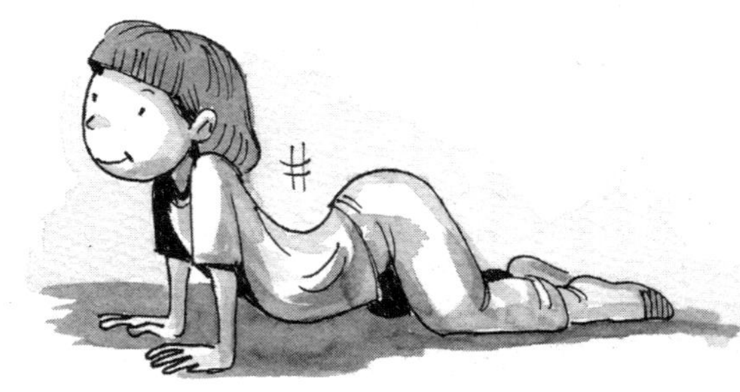

山式/举臂式

双脚站立，双手下垂在两侧。

像山一样直立。

双臂举过头顶，伸向天花板方向。

放回双臂，继续像山一样直立。

重复5次。

树式

站直，像山一样直立。

双眼目视前方。

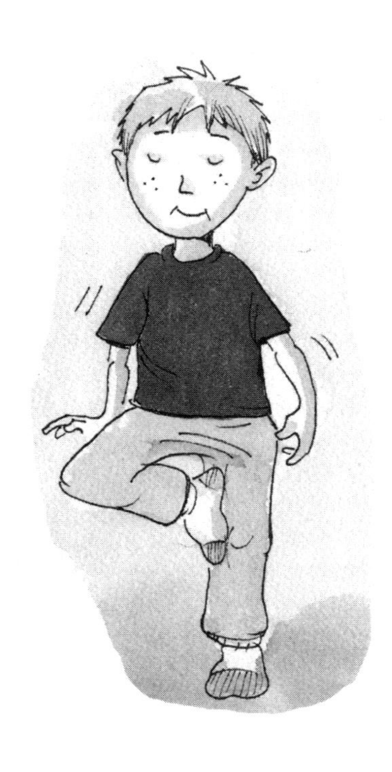

右腿弯曲抬起，并将脚心放在左腿上。想象你的左脚在地上扎根，像从里面长出来一样。保持你的左腿像树干一样强壮。

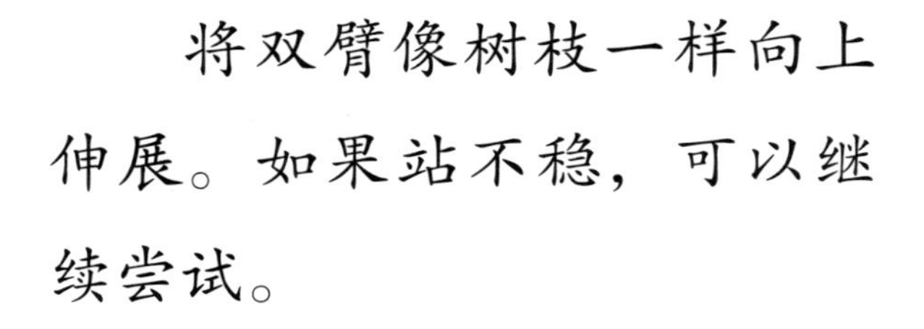

将双臂像树枝一样向上伸展。如果站不稳，可以继续尝试。

交换方向。

飞机式

站直，挺立。

将双臂向两侧伸展。

脚趾方向向前，把一只脚向后伸出。头和身子与你抬起的脚保持在一条直线上。

保持双臂向两侧伸展。

交换双腿。

眼镜蛇式

趴在地板上，腹部朝下。

双腿向后延伸。

保持腿和脚并拢。

手放在肩膀下面，

抬起头和胸部。

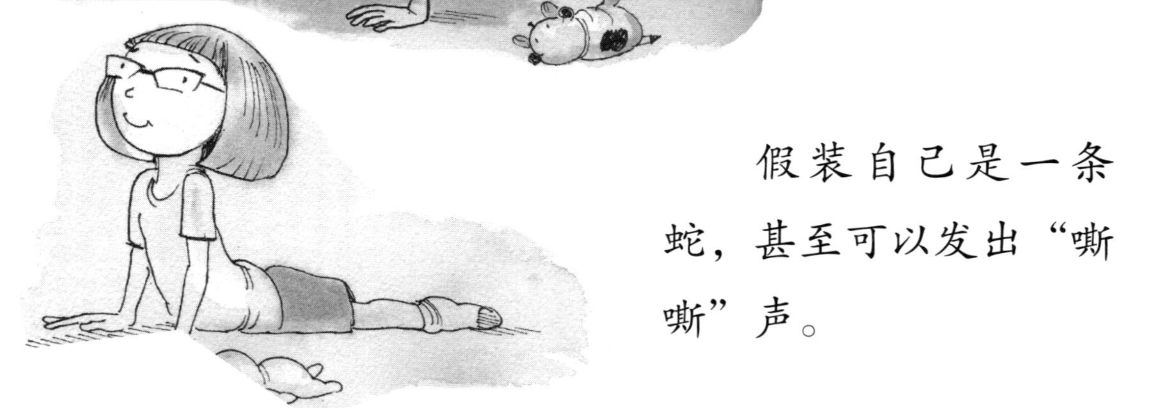

假装自己是一条蛇，甚至可以发出“嘶嘶”声。

趴下休息，然后继续尝试。

重复3次。

平躺，双脚微微分开放松，双臂放在两侧，手心朝上。

闭上眼睛开始休息。

慢慢地深呼吸。

感到身体开始放松。

保持这种姿势10~15分钟，或者更久。

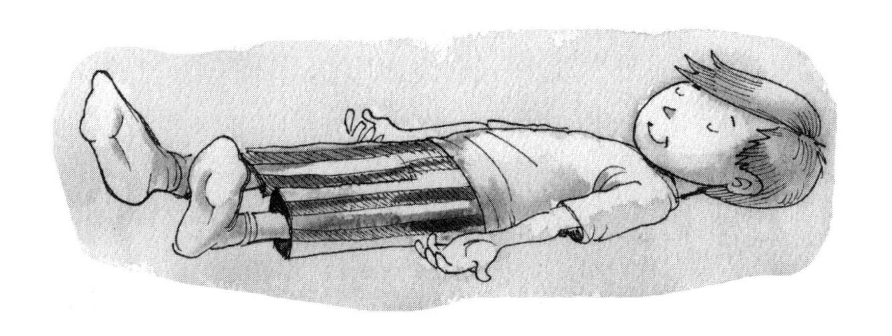

当练习放松的时候，能够更好地处理压力。能够更有准备地管理情感，嫉妒也不会困扰你了。

你能做到！

与其成为可怜的船长，被不公平的船锚牵拉使船搁浅，不如放下望远镜，把烦恼赶走，掌握一种新的思维方式，才能航行得更远。

嫉妒是一种情感，能够影响不同年龄段的每一个人，但是你能够阻止它干扰你的生活——你与它“和谐相处”，感觉也就会更舒服。

现在你知道如何处理嫉妒了。能够区分触发器和嫉妒的想法，你能够创造出更有意义的质疑想法。本书中的练习不容易，但是如果一直坚持练习，你会发现，当嫉妒产生时你能更好地管理这种情绪。

当其他人获胜，别人拥有你想要的东西，得到更多的关注或某些事做得比你好时，这些情况经常会出现，你能够恰当处理，嫉妒就不是问题了。

记住：

拓宽你的视野。

质疑嫉妒的想法。

问问自己这件事是每次发生还是仅仅这次发生。

避免“永远”的想法。

尽量远离嫉妒。

自我感觉良好。

照顾好自己。

嫉妒不见了！

船长之歌

我没有被邀请，
我没有被挑中，
所有的事都不公平。

我不是最好的，
我想要的玩具——
看上去没人关心。

我哭泣，我烦躁，
我逃跑——
嫉妒的感觉越来越强烈。

直到我读到这本书，
看！
我把过去的事都抛在脑后。

放下望远镜，
改变想法，
停留在此时此刻。

尽管不容易，
我仍一直在航行，
准备完美谢幕。

祝贺你。请把你的名字写在这艘船上，继续航行吧。